Vitus Wahlländer

Veränderung des Golfstroms. Auswirkungen und Risiken für Europa

GRIN Verlag

Bibliografische Information der Deutschen Nationalbibliothek:

Die Deutsche Bibliothek verzeichnet diese Publikation in der Deutschen National-
bibliografie; detaillierte bibliografische Daten sind im Internet über http://dnb.d-
nb.de/ abrufbar.

Impressum:

Copyright © 2008 GRIN Verlag GmbH
Druck und Bindung: Books on Demand GmbH, Norderstedt Germany
ISBN: 978-3-656-65345-5

Dieses Buch bei GRIN:

http://www.grin.com/de/e-book/273235/veraenderung-des-golfstroms-auswirkungen-
und-risiken-fuer-europa

Gymnasium Miesbach

Kollegstufe   Abiturjahrgang 2006 / 2008

FACHARBEIT

aus der Geographie

Veränderung des Golfstroms – Auswirkungen und Risiken für Europa

Inhaltsverzeichnis

1.   Der Golfstrom im Strudel der Klimadiskussion

Die globale Erwärmung ist ein Top-Thema der Gegenwart. Kein Tag vergeht ohne Berichte oder Diskussionen in den Medien über die menschgemachte Klimaerwärmung, deren Ausmaße, Risiken und mögliche Gegenmaßnahmen. Berichte über Veränderungen des Golfstroms, gar einen möglichen Zusammenbruch unserer natürlichen „Fernwärmequelle" sind hingegen eher selten, lösen aber dennoch bei den betroffenen Anrainerstaaten Besorgnis aus. Was ist dran an solchen Meldungen? Wie kann sich der Golfstrom ändern, der ununterbrochen warmes Wasser aus der Karibik bis ans Nordkap heranführt, dem Norden Europas die milden Wintermonate beschert und die Häfen eisfrei hält? Was für Auswirkungen hätte dies für Europa?

2. Analyse der Golfstromsystems

2.1 Das nordatlantische Strömungssystem
2.1.1 Begriffserklärung und geographische Lage des nordatlantischen Strömungssystems

Das Golfstromsystem, auch nordatlantisches Strömungssystem genannt, ist ein Teil des globalen ozeanischen Förderbandes. (s. Abb.1) Es befindet sich im Atlantischen Ozean, wo es im Westen vom Kontinent Amerika, im Osten von den Landmassen Nord-Afrikas und Europas, sowie im Norden von der Arktis eingegrenzt wird. Es umfasst mehrere Einzelströmungen des atlantischen Ozeans und beschreibt deren komplexes Zusammenwirken.[1]

Mit dem Begriff „Golfstrom" wie wir ihn im heutigen, alltäglichen Sprach-gebrauch verwenden, ist lediglich die warme, polwärts fließende Oberflächen-strömung gemeint. Also eine Zusammensetzung aus dem eigentlichen, geographisch korrekten Golfstrom vor der Ostküste der USA und dessen Ausläufer, der Nordatlantikströmung (NAS).[2] (s. Abb.2)

---

[1] Agenda 21 Lexikon, LearnLine Golfstrom ,http://www.learn-
line.nrw.de/angebote/agenda21/lexikon/Golfstrom.htm
[2] Rahmstorf, S., Richardson, K., Wie bedroht sind die Ozeane?, 2007, S. 146

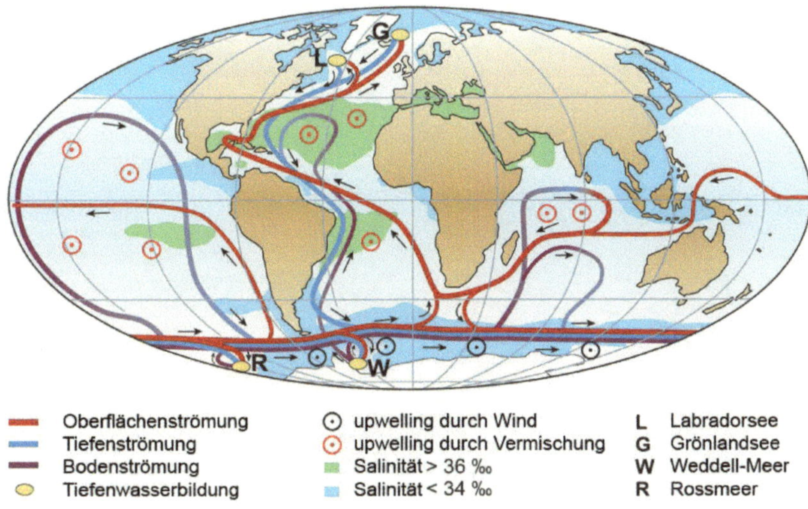

Abb. 1   Schematisierte Darstellung der globalen thermohalinen Zirkulation (THC), Ozeanisches Förderband[3]

2.1.2 Strömungsverlauf und Faktoren, die bei der Entstehung und dem Fortwirken der Strömung eine Rolle spielen

Seinen Ursprung besitzt der Golfstrom in den äquatorialen Breiten bzw. vor der Westküste Afrikas, wo tropisch-warme , oberflächennahe Wassermassen (ca. 30°C)[4] durch den konstant wehenden Südost-Passatwind in Richtung Nordwesten zur Küste Mittelamerikas transportiert werden. Der so entstandene Südäquatorialstrom wird mit Hilfe des durch den Nordost-Passat angetriebenen Nord-Äquatorialstroms entlang der Nordostküste Südamerikas, durch die Karibik in den Golf von Mexiko getrieben. Die sich hier stauenden warmen Wassermassen werden nun mit einer Art Pumpwirkung durch die Floridastraße befördert, wo sie sich mit dem warmen Antillenstrom vereinigen und als der uns bekannte Golfstrom entlang der Südostküste der USA Richtung Nordosten fließen.[5] Seine gemessene Stärke beträgt hier ca. 70 Sv, was einem nordwärtigem Hitzetransport von ca. 1,3 PW entspricht.[6] [7]

---

[3] Rahmstorf, S., Thermohaline Ocean Circulation.pdf , 2006, Fig. 1

[4] Rahmstorf, S., Richardson, K., Wie bedroht sind die Ozeane?, 2007, S. 26

[5] Neues aus der Welt der Wissenschaft, http://science.orf.at/science/news/16143, 2001

[6] Rahmstorf, S., Richardson, K., Wie bedroht sind die Ozeane?, 2007, S. 36

[7] Agenda 21 Lexikon, LearnLine Golfstrom, http://www.learn-line.nrw.de/angebote/agenda21/lexikon/Golfstrom.htm#merk2

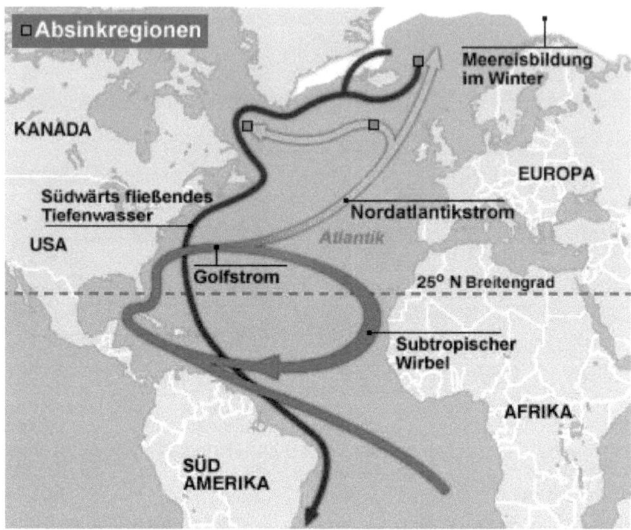

Abb. 2   Strömungen im Nordatlantik: Oberflächenströmungen (rot + gelb),
Tiefenströmung (blau); Meereisbildung in den Wintermonaten[8]

Die Strömung durchquert dann, getrieben von den Westwinden und zusätzlich abgelenkt durch den von NW kommenden, kalten Labradorstrom, mit einer durchschnittlichen Geschwindigkeit von ca. 2,5 m/s[9], den Nord-Atlantik. 1/3 der Wassermassen fließt im Subtropischen Wirbel zurück Richtung Äquator; die anderen 2/3 bahnen sich als Nordatlantikstrom den Weg Richtung Nordwest-Europa.[10] Der Einfluss des Windes beschränkt sich dabei auf die obersten Wasserschichten, die je nach Windstärke bis zu einer Tiefe von 50 – 200m durchmischt werden. Bildlich gesehen fließt dabei das leichtere von Winden getriebene Wasser auf den schwereren darunter gelegenen Wassermassen.[11]

Dabei gibt die Oberflächenströmung die im Wasser gespeicherte Wärme stetig an die Atmosphäre ab, wobei der Salzgehalt aufgrund fortwirkender Verdunstung immer höher wird.[12] Zusätzliche Vermischungsprozesse und die weiter abnehmende Sonneneinstrahlung verstärken die Abkühlung der polwärts fließenden Strömung. Kälteres Wasser und höhere Salzkonzentration bewirken,

---

[8] BBC News, Ocean changes will cool Europe,
     http://news.bbc.co.uk/2/hi/science/nature/4485840.stm, 2005
[9] Neues aus der Welt der Wissenschaft, http://science.orf.at/science/news/16143
[10] Das Kundenmagazin der TÜV NORD Gruppe, Explore.pdf , 03 August 2006, S. 15
[11] Rahmstorf, S., Richardson, K., Wie bedroht sind die Ozeane?, 2007, S. 25
[12] PIK-Potsdam, Rahmstorf S., The Thermohaline Ocean Circulation (fact sheet), http://www.pik-potsdam.de/~stefan/thc_fact_sheet.html, 2003, Abs. Non-linear behaviour of the THC

dass das Strömungswasser auf seinem Weg Richtung Nordosten im Vergleich zu seiner Umgebung immer größere Dichte erlangt und somit schwerer wird.[13] Dieses Phänomen führt dazu, dass die transportierten Wassermassen, wenn sie auf die weniger salzhaltigen, leichteren Gewässer der Arktisregion stoßen, vergleichsweise so schwer sind, dass sie kaskadenartig in die tieferen Schichten des Ozeans abstürzen.[14]

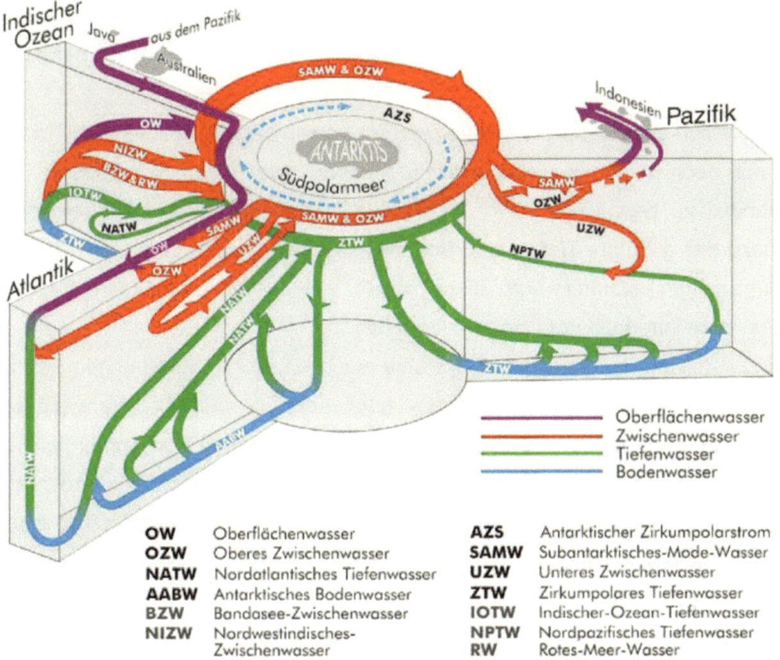

Abb. 3 Globale Meereszirkulationen und detaillierte Betrachtung der Strömungen im Atlantik[15]

Der so in Gang gesetzte Umwälzungsprozess, auch Tiefenwasserbildung genannt, stellt eine wichtige Komponente der ‚thermohalinen Zirkulation' (THC) dar.[16] Diese beschreibt einen durch Dichteunterschiede in Gang gesetzten Strömungskreislauf. Neben den Westwinden, die schätzungsweise 3/4 ausmachen, ist die thermohaline Zirkulation mit 1/4 maßgebend am Bestehen

---

[13] Rahmstorf, S., Richardson, K., Wie bedroht sind die Ozeane?, 2007, S. 33

[14] Rahmstorf, S., Richardson, K., Wie bedroht sind die Ozeane?, 2007, S. 33

[15] AlfredWegenerInstitut, http://www.awi.de/de/entdecken/klicken_lernen/lesebuch/meeresstroemungen/, Strömungssystem - woraus besteht es?, 22.1.2008

[16] Rahmstorf, S., Richardson, K., Wie bedroht sind die Ozeane?, 2007, S. 33 / S.35

und Fortwirken des atlantischen Strömungssystems beteiligt.[17] Abgesunken auf eine Tiefe von 2000 - 3000 m bahnt sich das schwere, salzhaltige und kalte Tiefenwasser (NATW) dann sehr langsam seinen Weg Richtung Süden.[18] Ein Teil des nährstoffreichen Wassers steigt in Äquatornähe wieder auf, um die dort von den Passatwinden wegtransportierten Wassermassen zu ersetzen (s. Abb. 1 - upwelling).[19] Der Rest vermischt sich langsam mit anderen Wasserschichten oder wird mit weiteren Strömungen um die ganze Welt befördert, um schließlich nach Jahrhunderten wieder an die Oberfläche zurück zu gelangen und erneut den Zyklus der Meeresströmungen zu wiederholen. (s. Abb. 3)[20]

Eine ähnlich ausgeprägte Tiefenwasserbildung wie die an der Arktis (ca. 15 Sv) ist nur noch im Ross- und im Weddell-Meer, zwei tiefen Randmeeren der Antarktis, zu beobachten. [21] [22] (s. Abb.3) Dies lässt darauf schließen, dass nahezu das gesamte Tiefen- und Bodenwasser der Weltmeere aus den beiden Polarregionen stammt und diese somit eine Schlüsselfunktion für das Ökosystem innerhalb der Ozeane darstellen.[23]

Die Darstellung des komplexen Systems der ozeanischen Strömungen, wie es oftmals vereinfacht in den Atlanten oder auch in den hier verwendeten Abbildungen zu sehen ist, verleitet zu der Fehlannahme von immergleichen linear fließenden Wassermassen. In Wirklichkeit bestehen die Strömungen aus etlichen kleinen Wirbeln und Verästelungen, die erst in ihrem Gesamtbild einen Strömungsverlauf beschreiben, und in ihrer Stärke erheblich schwanken können.[24]

2.1.3 Auswirkungen der NAS auf das Klima im Nordwesten Europas

Ein Blick auf die Eisbildung bzw. die eisfreien Häfen in den nördlichen Breitenkreisen um Europa (Abb. 2) genügt um sich ein Bild davon zu machen, inwiefern der Wärmetransport des Golfstroms und der NAS diese Küstenregionen beeinflusst. Noch deutlicher wird der Einfluss der warmen

[17] Rahmstorf, S., Richardson, K., Wie bedroht sind die Ozeane?, 2007, S. 36
[18] Rahmstorf, S., Richardson, K., Wie bedroht sind die Ozeane?, 2007, S. 275
[19] Rahmstorf, S., Richardson, K., Wie bedroht sind die Ozeane?, 2007, S. 32 / S. 277
[20] Rahmstorf, S., Richardson, K., Wie bedroht sind die Ozeane?, 2007, S. 24
[21] Rahmstorf, S., Ocean Circulation and Climate during the past 120.000 years.pdf , 2002, S. 208
[22] Rahmstorf, S., Ocean Circulation and Climate during the past 120.000 years.pdf , 2002, S. 207
[23] Rahmstorf, S., Richardson, K., Wie bedroht sind die Ozeane?, 2007, S. 33 / S.35
[24] Rahmstorf, S., Richardson, K., Wie bedroht sind die Ozeane?, 2007, S. 37

Strömung bei einem direkten Vergleich zweier Klimadiagramme von sich gegenüberliegenden Regionen der Ost- bzw. Westatlantischen Küste.

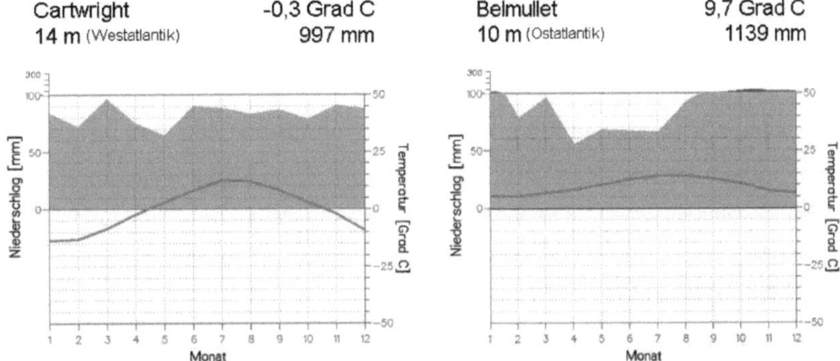

Abb. 4 Vergleich der Jahrestemperaturen zweier Klimadiagramme an West- und Ostküste des Nordatlantiks (auf ~ 54°N)[25]

Obwohl Cartwright an der Westküste Neufundlands und Belmullet an der Ostküste Irlands auf vergleichbarer geographischer Breite liegen, besitzt Belmullet eine um 10°C höhere jährliche Durchschnittstemperatur. Während die winterlichen Temperaturen in Cartwright deutlich unter den Gefrierpunkt sinken, beschert die NAS Belmullet seine für diese Breitenkreise ungewöhnlich milden Wintermonate. Ähnlich verhält es sich an der kompletten Nordwestküste Europas. (s. Abb.5)

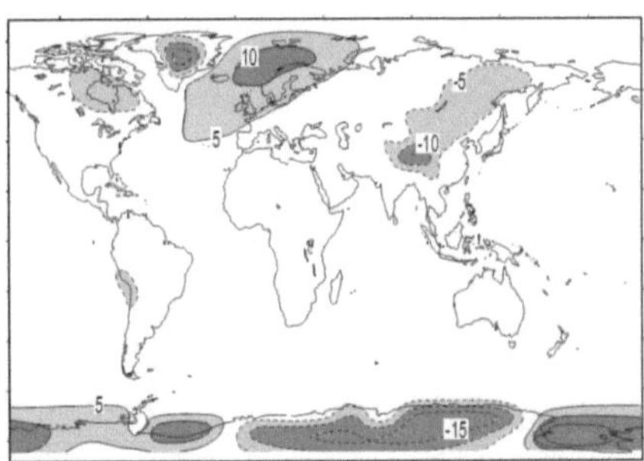

Abb. 5   Abweichung der Oberflächentemperatur vom zonalen Mittelwert (in °C)[26]

Der Einfluss reicht bis nördlich von Spitzbergen. Doch es ist nicht allein die warme Strömung. Vielmehr sind es die anhaltenden Westwinde, welche die über dem Ozean freigelassene Wärme Richtung Festland befördern. So

---

[25] Klimadiagramme weltweit, http://www.klimadiagramme.de/index.html
[26] Rahmstorf, S., Thermohaline Ocean Circulation.pdf, 2006, Fig. 11

beschränken sich die klimatischen Einflüsse nicht nur auf die Küstenregionen, sondern zeigen selbst weit im Landesinneren Nordeuropas noch ihre wärmende Wirkung, wenn auch in geminderter Form.[27] Deshalb wird die NAS auch „Fernheizung" oder „Warmwasserheizung Europas" genannt.

2.1.4 Fehlmeldungen und mangelnde Fachkenntnis in den Medien

Die Bedenken der betroffenen Bevölkerung bzgl. eines eventuellen Versiegens des Golfstroms und den damit einhergehenden Veränderungen ist bei der oben genannten klimatischen Sonderstellung durchaus begründet. Kritisch zu betrachten sind jedoch die in regelmäßigen Abständen wiederkehrenden Fehlmeldungen in den Medien bzw. in der Laienpresse.

Aufsehen erregte z.B. die Meldung, dass der Wassertransport der NAS zwischen 1957 und 2004 um 30% abgenommen hat.[28] Dieser voreilige Schluss basierte auf nur fünf Momentmessungen.[29] Ausreichend Langzeitdaten, auf die man sich hätte stützen können, waren nicht vorhanden. Trotzdem dauerte es nicht lange und die Fehlinformation fand sich in sämtlichen Medien wieder. Durch spätere Messungen fand man heraus, dass die Strömung gewissen natürlichen Schwankungen unterliegt. Das Jahresmittel der MOC (Meridional Overturning Circulation; gesamter nord- und südwärts verlaufender Wassertransport im Nordatlantik;s. Anhang Def.) liegt bei 19 Sv, wobei natürliche Schwankungen von 4 bis 35 Sv gemessen wurden.[30] Prof. Jochem Marotzke, Direktor am Max-Planck-Institut für Meteorologie in Hamburg erklärt: „Es gibt noch keinerlei Anzeichen einer Abschwächung der MOC. Die großen Schwankungen sind auch die Ursache dafür, dass früher diagnostiziert wurde, eine Abschwächung habe bereits stattgefunden. Man hat zufälligerweise zu einem Zeitpunkt gemessen, als die Zirkulation gerade recht schwach war."[31] Unkenntnis, Sensationslust oder das wenig sorgfältige Recherchieren von Originalquellen können zu solch irrtümlichen Pressemitteilungen führen. Problematisch sind ebenso Verfälschungen in Form bewusster Verharmlosung bzw. eine durch Einflussnahme der Industriebranche manipulierte

---

[27] Seager, R., et al., Is Gulf Stream responsible for Europe's mild winters.pdf, 2002, S. 2563
[28] New Scientist, Failing ocean current raises fears of mini ice age, http://www.newscientist.com/article.ns?id=dn8398, 2005
[29] Das Kundenmagazin der TÜV NORD Gruppe, Explore.pdf, 03 August 2006, S. 15
[30] Max-Planck-Institut für Meteorologie, http://www.mpimet.mpg.de/presse/pressemitteilungen/einzig artiges-beobachtungssystem-fuer-die-atlantische-zirkulation-hat-sich-bewaehrt.html#c4865, 2007
[31] Max-Planck-Institut für Meteorologie, http://www.mpimet.mpg.de/presse/pressemitteilungen/einzig artiges-beobachtungssystem-fuer-die-atlantische-zirkulation-hat-sich-bewaehrt.html#c4865, 2007

Berichterstattung. Ein derartiges Versagen der journalistischen Sorgfalt und Qualität sorgt für Verwirrung, macht wichtige Erkenntnisse unglaubwürdig und verzögert somit effektive Maßnahmen im Klima- und Umweltschutz.[32]

2.1.5 Messmethoden im Atlantischen Ozean

Bei der Erforschung der Bedeutung des Golfstromsystems für das Klima Nordeuropas waren neue Messmethoden unerlässlich. Diese sollen zuverlässige Daten über Temperatur, Salinität, Strömungsverlauf und -geschwindigkeit liefern. Statt punktueller Kurzzeitmessungen haben sich seit einigen Jahren qualitativ bessere, satellitengestützte Messvorrichtungen etabliert, um das Verhalten der Strömungen im Atlantik über lange Zeitspannen zu untersuchen.

Das derzeit aufwändigste und umfangreichste Forschungsprojekt ist das internationale „Argo - Programm" zur Beobachtung der Weltmeere. Von 2000 bis 2008 setzten Forschungsschiffe über 3000 Messbojen in den Ozeanen aus. Die autonomen Treibsonden sinken auf eine Tiefe von bis zu 2000 m, und steigen im Zehn-Tages-Rhythmus an die Oberfläche, um ein Temperaturprofil sowie weitere Messdaten per Satellit an die Verrechnungszentralen weiterzuleiten. Um noch höhere Messgenauigkeit zu gewährleisten, werden alle Daten mit den Beobachtungen weiterer Satelliten verglichen.[33] Ein anderes Projekt ist das seit 2004 laufende 'Rapid MOC', bei dem verschiedene Universitäten zusammenarbeiten. Es konzentriert sich auf den Golfstrom, erstellt Dichteprofile in verschiedenen Wassertiefen und misst die MOC (Meridional Overturning Circulation), also den gesamten nord- und südwärts laufenden Wassertransport. Dazu wurden entlang des 26.5 nördlichen Breitengrades, zwischen Bahamas und Afrika, eine Reihe von Messsonden installiert.[34]

Die beteiligten Forschergruppen erhoffen sich dadurch einen stärkeren Einblick in die Eigenschaften, die kurz- und langfristige Variabilität und die Zusammensetzung einzelner Komponenten, um darauf basierend exaktere Prognosen und Modellrechnungen erstellen zu können.

---

[32] PIK-Potsdam, Rahmstorf S., Alles nur Klimahysterie?,
„http://www.pik- potsdam.de/~stefan/klimahysterie.html", 2007
[33] Argo oceanic observation, About Argo, "http://www.argo.ucsd.edu/index.html", 2008
[34] Rapid MOC, Monitoring the MOC at 26.5°N, "http://www.soc.soton.ac.uk/rapidmoc/home.html", 2007

2.2 Potentielle Schwachpunkte und somit mögliche Auslöser für eine Veränderung des Golfstromsystems

Eine zentrale Frage für die Forscher ist, wie sensibel das Strömungssystem ist, inwieweit äußere Einflüsse kompensierbar sind und wo sich besondere Schwach- oder Angriffspunkte herausbilden.

Nach heutigem Wissensstand auszuschließen ist ein vollständiges Versiegen des Golfstromsystems.[35] Wie bereits oben erwähnt werden die Strömungen überwiegend von Winden angetrieben. Diese werden, solange die Erde weiter um ihre Achse rotiert, aufgrund der Corioliskraft, sicher nicht stoppen, sich allenfalls geringfügig um wenige Längengrade verschieben.[36] Durchaus realistisch hingegen wäre eine Abschwächung, Richtungsänderung bzw. ein Versiegen des nördlichen Golfstromausläufers.

Wodurch kann jedoch die für Europa so wichtige NAS gestoppt werden?

In Modellrechnungen und Klimasimulationen haben Forscher durch Verändern bestimmter Komponenten versucht, die NAS zu beeinflussen und aus dem jetzigen „Gleichgewicht" zu bringen. Der einzige und somit auch kritischste Punkt, der dabei unter realistischer Veränderung zu einem Umstürzen der NAS geführt hat, war die Veränderung der Tiefenwasserbildung in der Arktisregion. Sie ist offenbar für das Bestehen der NAS von eminenter Bedeutung und kann durch äußere Einflüsse durchaus zum Versiegen gebracht werden.[37] Zwei auslösende Faktoren stehen dabei im Vordergrund:

2.2.1 Erhöhter Süßwassereintrag

Ins Stocken geraten könnte die Tiefenwasserbildung durch verstärkten Süßwassereintrag. Dieser bewirkt, dass das mit Süßwasser verdünnte Oberflächenwasser eine geringere Salzkonzentration hat. Folglich ist das Wasser nicht mehr so schwer, was es wiederum daran hindert, in tiefere Schichten abzusinken.[38] Problematisch ist dabei der positive Rückkopplungs-effekt der THC: Die Tiefenwasserbildung ist vom Salzgehalt abhängig – der Salzgehalt von der ankommenden Strömung – die Strömung wiederum von der Tiefenwasserbildung. Das heißt, wenn der Sog des absinkenden, schweren Wasser schwindet, werden geringere Mengen salzhaltigen Golfstromwassers

[35] Rahmstorf, S., Richardson, K., Wie bedroht sind die Ozeane?, 2007, S. 146
[36] Rahmstorf, S., Richardson, K., Wie bedroht sind die Ozeane?, 2007, S. 34
[37] Rahmstorf, S., Richardson, K., Wie bedroht sind die Ozeane?, 2007, S. 147
[38] Rahmstorf, S., Richardson, K., Wie bedroht sind die Ozeane?, 2007, S. 147

angezogen, wodurch das kommende Sinkwasser immer leichter wird. Bildlich gesehen wird also der Tiefenwasserabfluss verstopft, was zu einem raschen Stoppen der THC führen würde.[39]

Zu einem solchen Szenario (sog. Heinrich-Ereignisse) und dem damit einhergehenden rapiden Klimawechsel ist es am Ende der letzten Eiszeit gekommen.[40] In einer Phase kontinuierlicher Klimaerwärmung kam es in der Umgebung des Nordatlantiks auf einmal erneut zu einem abrupten Rückgang der Temperaturen. Bei Untersuchungen von Sedimentproben und Eisbohrkernen aus arktischen Regionen ist Forschern aufgefallen, dass abrupte Klimawandel immer in direkter Verbindung mit einer Veränderung der nordatlantischen Strömungen bzw. der THC standen.[41] Die Daten liefern Beweise, dass größere Änderungen in tiefen und oberflächennahen Schichten des Nordatlantiks und der Atmosphäre immer simultan geschahen. Auslöser für diese unregelmäßig auftretenden Ereignisse ist immer eine gravierende Änderung der THC gewesen. Bis heute bestätigen praktisch sämtliche Studien diese Theorie.[42]

Verantwortlich für das damalige Versiegen der THC war der Bruch eines Eisdammes in Nordamerika, der eine riesige Menge an Schmelzwasser (Agassizsee) zurückhielt. Dieser plötzliche Einstrom der Süßwassermassen in den Nordatlantik hat eine schlagartige Verringerung der Salinität mit sich gebracht, die ausreichte um die THC zum Erliegen zu bringen.[43] Über die Größenordnung des für eine Beeinflussung nötigen Süßwassereintrags können Experten derzeit nur grobe Schätzungen abgeben. Kritisch würde die Situation erst ab ca. 100000 Kubikmeter/s werden[44]. Eine gestaute Süßwassermenge vergleichbarer Größenordnung existiert derzeit nicht, so dass es in den nächsten Jahrhunderten auch nicht zu einem Zusammenbruch der THC kommen wird. Eine erneute Eiszeit - wie im Hollywood Film „Day after tomorrow" von Roland Emmerich so dramatisch inszeniert - wird also vorerst auf die Kinoleinwände beschränkt bleiben.[45]

---

[39] Rahmstorf, S., Richardson, K., Wie bedroht sind die Ozeane?, 2007, S. 147

[40] Rahmstorf, S., Richardson, K., Wie bedroht sind die Ozeane?, 2007, S. 49

[41] Seager, R.,Challanges to our understanding of the general circulation.pdf, 2006, S. 1-2

[42] Seager, R.,Challanges to our understanding of the general circulation.pdf, 2006, S. 3 / S. 10-11

[43] Seager, R.,Challanges to our understanding of the general circulation.pdf, 2006, S. 15

[44] Rahmstorf, S., Richardson, K., Wie bedroht sind die Ozeane?, 2007, S. 148

[45] Rahmstorf, S., Richardson, K., Wie bedroht sind die Ozeane?, 2007, S. 149

2.2.2 Globale Klimaerwärmung

Der zweite Einflussfaktor ist die aktuelle globale Klimaerwärmung, die laut Expertenmeinung bereits unumstritten stattfindet.[46] Sie bietet einerseits die Grundlage für den sich stetig steigernden langsamen Süßwassereintrag, da sie mitverantwortlich ist für das Schmelzen des Grönland-Eisschelfs.[47] Zum Verdünnungsprozess im Nordatlantik tragen außerdem erhöhte Niederschlagsmengen in den nördlichen Breitenkreisen bei[48] die entweder direkt oder über Flüsse ins Meer gelangen. Schrumpfende Inlandsgletscher und das damit verbundene Schmelzwasser verstärken den Prozess.[49]

Parallel dazu werden durch die steigenden Temperaturen die oberen Wassermassen erwärmt und somit leichter (geringere Dichte), was wiederum dem Absinkprozess im Rahmen der Tiefenwasserbildung entgegenwirkt.[50] Auch beim Abschmelzen der polaren Eismassen spielt ein nur schwer kalkulierbarer Rückkopplungsfaktor eine Rolle: die so genannte Eis-Albedo-Rückkopplung.(s. Anhang) Diese beruht auf der Tatsache, dass Wasser die Sonnenenergie zu über 90% absorbiert, während Eis- und Schneeoberflächen nur weniger als 10% absorbieren und den Rest reflektieren. Je weniger Eis es gibt, desto weniger Sonnenenergie wird reflektiert und desto schneller wird das absorbierende Wasser erwärmt. Dieser sich selbst verstärkende Prozess führte dazu, dass die eisbedeckten Flächen der Polarmeere seit 1997 um etwa 20% zurückgegangen sind.[51] An den Polkappen vollzieht sich daraus folgend eine viel schnellere Erwärmung als im restlichen Teil der Ozeane (s. Abb 9) In der zweiten Hälfte des 20.Jahrhunderts lag die Erwärmung bei 0,7°C/Jahrzehnt. Dies ist ein mehrfaches des globalen Trends von ca. 0,2°C/Jahrzehnt.[52] (s.Abb.9) Die Klimaerwärmung beeinflusst somit langsam aber stetig die THC, da sie auf direktem und indirektem Wege die Tiefenwasserbildung in den Polarregionen hemmt.

---

[46] 4. Sachstandsbericht der IPCC – Synthesebericht.pdf, 2007, S. 1
[47] Rahmstorf, S., Richardson, K., Wie bedroht sind die Ozeane?, 2007, S. 126 / S. 148
[48] IPCC Arbeitsgruppe 2 Kapitel 12 – Europa.pdf, 2007, S. 544
[49] Peterson, B., et al., Increasing River Discharge to the Arctic Ocean.pdf, S. 2172
[50] Rahmstorf, S., Richardson, K., Wie bedroht sind die Ozeane?, 2007, S. 148
[51] Rahmstorf, S., Richardson, K., Wie bedroht sind die Ozeane?, 2007, S. 53-54 / S. 114-115
[52] Uni Bremen, Prange, M., Klimawandel in der Arktis?, http://www.geo.uni-bremen.de/geomod/staff/mprange/klimawechsel.html, 3. Absatz;
und Rahmstorf, S., Richardson, K., Wie bedroht sind die Ozeane?, 2007, S. 114

2.3 Mögliche Änderung des Strömungssystems (NAS)

Untersuchungen von Sedimentproben und Eisbohrkernen aus arktischen Regionen zeigen, dass die THC im Laufe der Zeit immer wieder Schwankungen unterlag. Neuere Messdaten stellen einen eindeutigen, wenn auch geringfügigen Trend fest, dass der jährliche Wassertransport der THC im Nordatlantik bereits am Abnehmen ist. (s.Abb.6) Verantwortlich dafür ist der oben erwähnte Einfluss der Klimaerwärmung.[53]

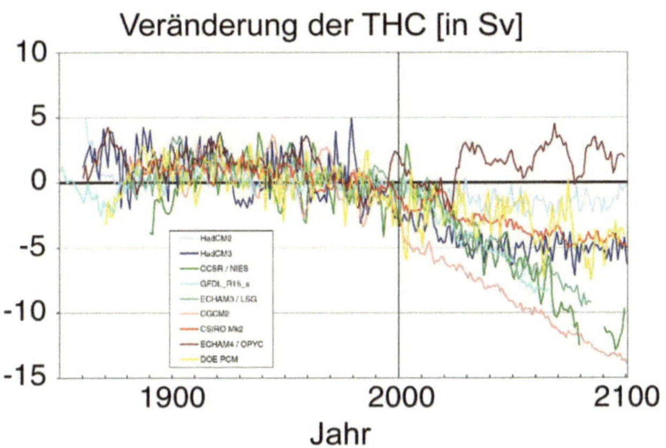

Abb. 6   Natürliche Schwankungen und Veränderung der THC im Nordatlantik (Wert 0entspricht Durchschnittswert von 1961 - 1990)[54]

Die in dem kurzen Zeitraum der Messungen registrierten Veränderungen waren aber zu gering, um einen spürbare Beeinflussung des Klimas zu bewirken.

Deshalb müssen Ozeanographen und Klimatologen sich auf Ereignisse der Vergangenheit stützen, um mögliche Folgen und Auswirkungen zu erforschen.

2.3.1 Vollständiges Versiegen und Folgen

Sehr unwahrscheinlich in den kommenden Jahrhunderten ist ein vollständiges Versiegen der NAS. Wie bereits oben erwähnt, existieren windgetriebene warme Strömungen noch weiter, unabhängig davon ob die THC schwächer wird

[53] Ideo Columbia, Causes of abrupt climate change, http://www.Ideo.columbia.edu/res/pi/arch/causes.shtml, Abs. 7b
[54] Rapid MOC, Marotzke_Moc.ppt, http://www.soc.soton.ac.uk/rapidmoc/home.html, 2007, S. 5

oder gar versiegt.[55] Zudem würde die benötigte Menge an Süßwassereintrag selbst bei einer globalen Erwärmung von 3°C/Jahrhundert nicht ausreichen um die THC vollständig zum Erliegen zu bringen.[56] Unsicherheitsfaktoren sind allerdings unvorhersehbare Rückkopplungsreaktionen im Bereich Klima und Ozean. Auch unerwartete plattentektonische Aktivitäten, z.B. große Vulkanausbrüche, oder ein schwacher Sonnenzyklus, könnten eine Veränderung der Strömungen bewirken.[57]

Zu dem Extremfall eines kompletten, abrupten Versiegens der THC, bzw. der warmen nordwärtsfließenden Oberflächenströmung, existieren zahlreiche Studien. Sie alle besagen ein Absinken der jährlichen Durchschnittstemperaturen um 2 – 4°C im europäischen Raum, mit stärkerer Abkühlung im äußersten Nordwesten.[58] Unmittelbare Folgen wären verstärkte und länger anhaltende Eisbildung im Meer, an den Häfen und in Flüssen.[59] Die nicht mehr oder in dieser Zeitspanne nur noch schwer schiffbaren Gewässer erschweren in den hohen Breiten großräumig den Transport. Ein weiterer Nachteil wäre ein gravierender Rückgang der Ernteerträge, was die Lebensmittelpreise rasch ansteigen lassen würde. Die Tourismusbranche würde mit sinkender Nachfrage konfrontiert werden und langfristig gesehen wird eine Migration in den wärmeren Süden stattfinden.[60] Wenn man von den Ergebnissen der Klimamodelle ausgeht, wird in den nächsten Jahrhunderten keine wirkliche Zunahme der THC erwartet. (s.Abb.6)(((RCC Schott + fig. Schmitter et al GRL 2006)))

2.3.2 Prognostizierte Veränderungen unter Berücksichtigung der Klimaerwärmung

Fast alle Modellsimulationen verschiedener Klimazentren berechnen für das kommende Jahrhundert eine Abschwächung der THC (vgl. Abb.6 – Abb.8). Sie steht in direktem Zusammenhang mit der Treibhausgas-Konzentration in der Atmosphäre (s. Abb.7). Über die letzten 650000 Jahre hinweg, so ermittelte man bei Bohrkernenuntersuchungen (Gaskonzentration), schwankte die CO_2-

[55] Seager, R., Battisti, S., Challanges to our understanding of the general circulation.pdf, 2006, S. 14
[56] Rahmstorf, S., Richardson, K., Wie bedroht sind die Ozeane?, 2007, S. 148
[57] Rahmstorf, S., Richardson, K., Wie bedroht sind die Ozeane?, 2007, S. 50
[58] IPCC Arbeitsgruppe 1 Kapitel 11 - Regional Climate Projections.pdf, 2007, S.28
[59] Seager, R., Battisti, S., Challanges to our understanding of the general circulation.pdf, 2006, S. 15
[60] IPCC Arbeitsgruppe 2 Kapitel 12 – Europa.pdf, 2007, S. 23 Kasten

Konzentration in der Atmosphäre zwischen 180 und 280 ppm.[61] Im letzten Jahrhundert und mit dem Zeitalter der Industrialisierung, stiegen die Werte plötzlich auf gegenwärtig 380 ppm – eine in der Erdgeschichte bislang unbekannt rasche Veränderung. Wie in der Graphik zu sehen ist, steigen die CO2-Emissionen bis 2040 in etwa gleichmäßig weiter an. Dies bedingt einen global gemittelten Temperaturanstieg um ca. 0,2°C pro Jahrzehnt, so wie er auch in den vergangenen Jahrzehnten stattgefunden hat.[62]

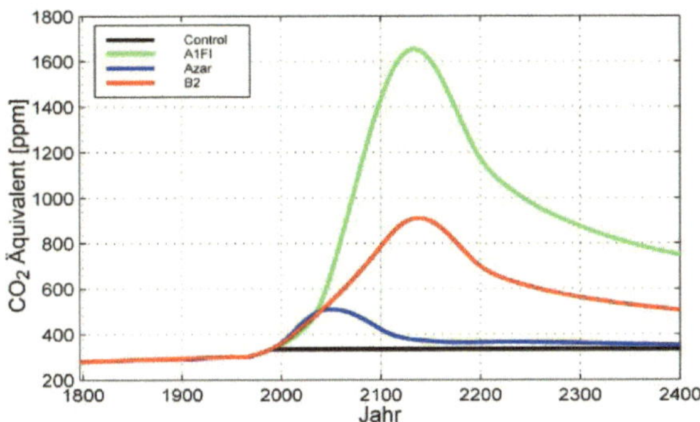

Abb. 7   CO2 – Emissionsszenarien der IPCC: A1FI (grün) - fossil-intensiv; B2 (rot) – mittel; Azar (blau) - sofortiger Nachlass der Emissionen; Control (schwarz) – gegenwärtiger Vergleich; (Detailliertere Definition der jeweiligen Emissionsszenarien im Anhang) [63]

Erst ab Mitte des Jahrhunderts unterscheidet sich der Verlauf der berechneten Kurven: Bei gleichbleibenden CO2 Ausstoß in die Atmosphäre sagen IPCC Modelle bis 2100 eine CO2-Konzentration von über 700ppm vorraus (B2-Kurve rot) was einer Erwärmung um 2-3°C entsprechen würde. Die beiden anderen Szenarien beschreiben zwei Extremsituationen.

Einerseits können die CO2-Emissionen in den folgenden Jahrzehnten durch Emissionsgesetze und weitere effektive globale und regionale Klimaschutz-maßnahmen wieder gesenkt werden (Azar-Kurve blau). Damit könnte man den Temperaturanstieg auf ca. 1°C beschränken.[64] Laut IPCC ist eine solche

[61] Rahmstorf, S., Richardson, K., Wie bedroht sind die Ozeane?, 2007, S. 157-159
[62] Rahmstorf, S., Richardson, K., Wie bedroht sind die Ozeane?, 2007, S. 112
[63] Rapid Climate Change Conference, Kuhlbroth, T., Atlantic MOC weakened by Greenland meltwater.pdf, http://www.noc.soton.ac.uk/rapid/rapid2006/ic06pres.php, 2006
[64] Rahmstorf, S., Richardson, K., Wie bedroht sind die Ozeane?, 2007, S. 111-112

Minderung durchaus möglich und auch finanzierbar, allerdings müsste umgehend gehandelt werden.[65]

Andererseits ist durch unverändert verschwenderische Verhaltensweisen mit einem weiteren Anstieg der Treibhausgas-Emissionen zu rechnen (A1FI). Laut Experten wäre somit inerhalb dieses Jahrhunderts sogar ein globaler Temperaturanstieg von bis zu 6°C möglich.[66]

THC und MOC reagieren zeitverzögert auf Veränderungen in der Atmosphäre (vgl. Abb.7 und 8). Je stärker sie bereits aus dem Gleichgewicht gekommen ist, desto länger braucht sie, um sich wieder zu erholen.

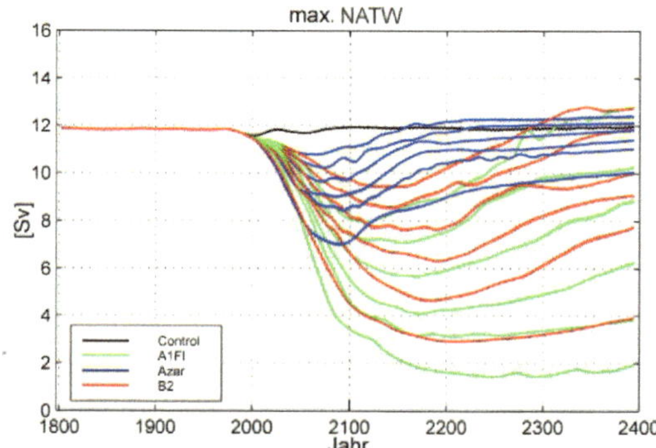

Abb. 8   Projezierte Veränderung der Tiefenwasserbildung in der Arktis. Tritt zeitlich verzögert gegenüber CO2 Emissionen auf (vgl. Abb. 7)[67]

Demnach kann es bis zum Jahre 2100, nach aktuellen Berechnungen zu zwei unterscheidenden Extremszenarien kommen:

Im ersten Fall findet eine starke weltweite Klimaerwärmung von 4 - 6°C statt, durch die die THC parallel um 20 - 60% abnimmt. Im zweiten Fall gehen die CO2-Werte nach 2050 auf ein ähnliches Niveau wie heute zurück, während die THC in ihrer Erholungsphase noch um 10-25% geringer ist. Aussagen über das Jahr 2100 hinaus sind reine Spekulation, ähnlich einer Wettervorhersage über 3 Wochen. Es spielen zu viele unberechenbare Faktoren mit, z.B. mehrere Rückkopplungseffekte, die verstärken oder abschwächen können.[68]

---

[65] IPCC, 4. Sachstandsbericht – Synthesebericht.pdf, 2007, S. 3-4
[66] Rahmstorf, S., Richardson, K., Wie bedroht sind die Ozeane?, 2007, S. 110
[67] Rapid Climate Change Conference 2006, Kuhlbroth, T., Atlantic MOC weakened by Greenland meltwater.pdf, http://www.noc.soton.ac.uk/rapid/rapid2006/ic06pres.php, 2006
[68] Rahmstorf, S., Richardson, K., Wie bedroht sind die Ozeane?, 2007, S. 108

3. Veränderungen in Europa anhand ausgewählter Emissionsszenarien

Viele Forschergruppen verwenden Emissionsszenarien, die zwischen den beiden Extremen liegen, da diese nach heutigen Schätzungen am wahrscheinlichsten eintreten werden (vgl. B2-Szenario Abb.7). Darauf basierend haben sie diverse Klimamodelle für den Europäischen Raum entworfen, um einen genaueren Aufschluss über die Entwicklung bestimmter Klimakomponenten zu erhalten. In den Emissions- und Klimaszenarien werden meistens die Periode zw. 2070 und 2099 mit Daten der Jahre 1961 bis 1990 verglichen.[69]

3.1 Klimatische Veränderungen

3.1.1 Temperatur

Trotz einer Abnahme der THC in fast allen Modellen zeigen die Diagramme eine Erwärmung sowohl über dem Atlantik und den Küstenregionen als auch im übrigen Europa.

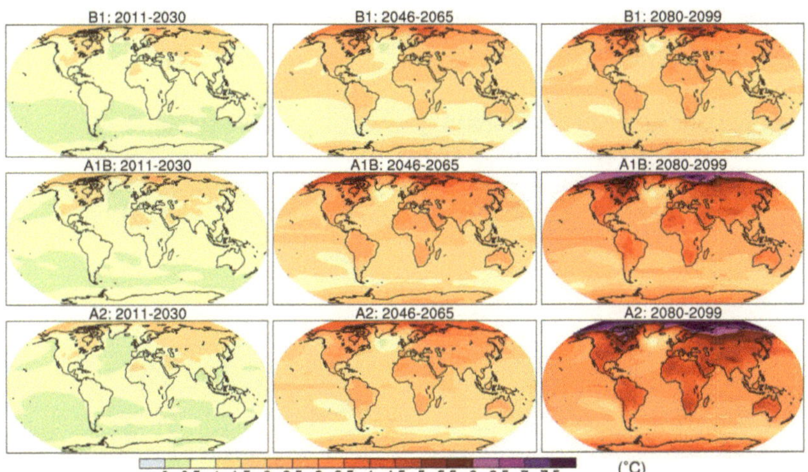

Abb. 9   Temperaturveränderungen berechnet nach verschiedenen Emissionsszenarien in drei Perioden bis 2099 (Vergleichswert ist Durchschnittstemperatur von 1961-1990)[70]

---

[69] IPCC Arbeitsgruppe 2 Kapitel 12 – Europa.pdf, 2007, S. 547
[70] IPCC Arbeitsgruppe 1 Kapitel 11.pdf - Regional Climate Projections, 2007, S.876

Dies zeigt, dass der Effekt der Treibhausgase den der abschwächenden MOC dominiert und diesen überlagert.[71] Eine Umwandlung der Erwärmung in eine Abkühlung ist praktisch auszuschließen.[72] Allerdings wird der Temperaturanstieg in Nordwesteuropa weniger stark ausfallen als in anderen Teilen Europas. [73]

3.1.2 Luftdruck und Stürme

Eine starke Erwärmung des Nordpols verringert das Temperaturgefälle zwischen Pol und Äquator. Dadurch müssten die Stürme in den mittleren Breiten schwächer werden.[74] Mehrere Modellrechnungen haben aber ergeben, dass durch den Klimawandel besonders die Westwinde zunehmen werden.[75] Grund kann, durch die Beeinflussung der Ozonschicht, eine Abkühlung in der Stratosphäre sein, wodurch der vertikale Temperaturgradient zwischen Erdoberfläche und Stratosphäre verstärk wird – eine Voraussetzung für mehr Wind.[76] [77] Desweiteren nimmt man an, dass sich die Tiefdruckgebiete über Europa eher Richtung Norden verlagern werden, wodurch es im Norden häufiger, im Süden und im Zentrum Europas dagegen weniger häufig zu starken Stürmen käme.[78]

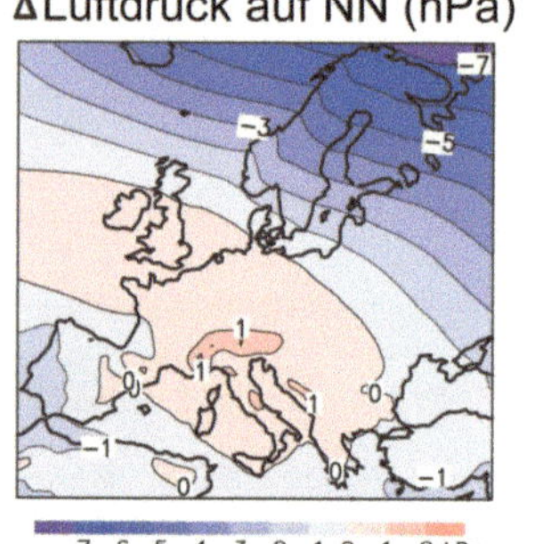

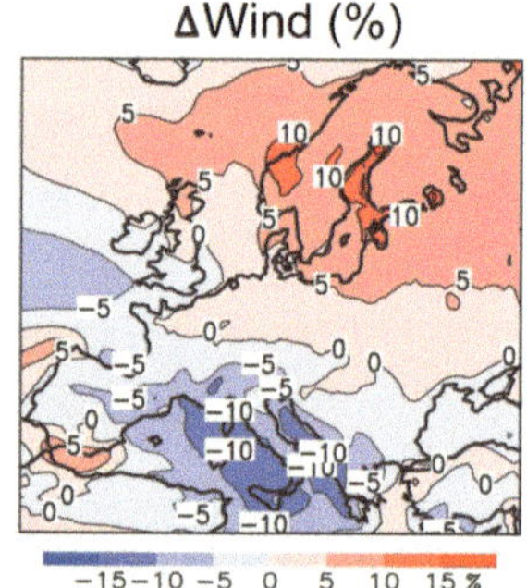

Abb. 10   Luftdruckveränderung auf Meeresspiegelniveau;   Windzunahme auf 10 m [79]

[71] Rahmstorf, S., Richardson, K., Wie bedroht sind die Ozeane?, 2007, S. 149
[72] IPCC Arbeitsgruppe 1 Kapitel 11.pdf - Regional Climate Projections, 2007, S.872 - Key Prozesses
[73] Rahmstorf, S., Richardson, K., Wie bedroht sind die Ozeane?, 2007, S. 149
[74] Rahmstorf, S., Richardson, K., Wie bedroht sind die Ozeane?, 2007, S. 145
[75] IPCC Arbeitsgruppe 1 Kapitel 11.pdf - Regional Climate Projections, 2007, S.877
[76] Rahmstorf, S., Richardson, K., Wie bedroht sind die Ozeane?, 2007, S. 145
[77] Atmosphäre, Stratosphärische Abkühlung, http://www.atmosphere.mpg.de/enid/2__Ozon/-_Abkuehlung_1nh.html, 2007
[78] IPCC Arbeitsgruppe 1 Kapitel 11.pdf - Regional Climate Projections, 2007, S.877 – Wind Speed
[79] IPCC Arbeitsgruppe 1 Kapitel 11.pdf - Regional Climate Projections, 2007, S.876

Alles in allem ist die Beurteilung der Windveränderungen noch sehr unsicher, da sie auch regional sehr unterschiedlich auftreten wird. Windprognosen variieren von Diagramm zu Diagramm. Die hier zu sehende Abbildung ist ein Beispiel für eine sehr starke Veränderung. Im großen Durchschnitt der Diagramme fällt der Wandel weniger stark aus.[80]

3.1.3 Hydrologische Verhältnisse

Bisherige Modelle sagen flächendeckend sowohl im Winter als auch im Sommer eine Zunahme der Niederschläge in den hohen Breiten Europas (Norwegen, Finnland, angrenzende Regionen) voraus. Im Süden Europas hingegen werden die Niederschläge stark abnehmen.[81]

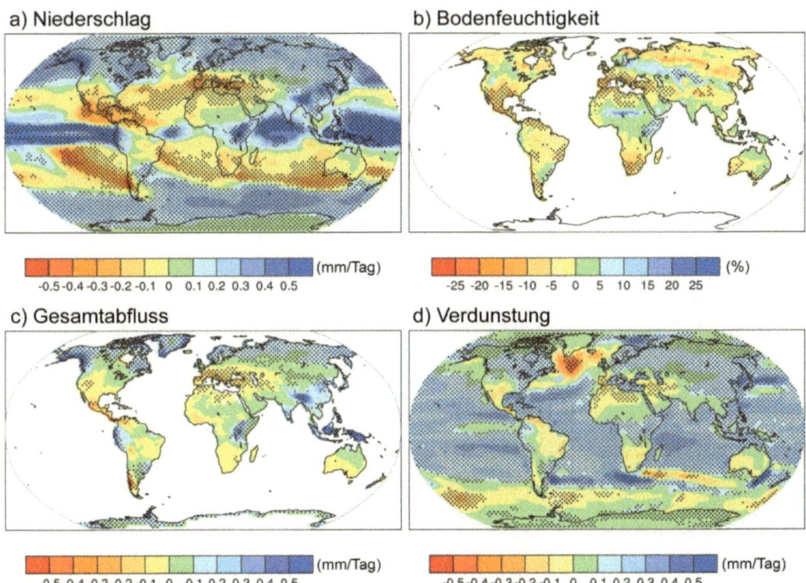

Abb. 11 Hydrologische Veränderungen in Klimamodellen[82]

Die hydrologischen Parameter sind untereinander alle eng verknüpft. Mit den höheren Niederschlägen im Norden nimmt auch der Wasserabfluss bis 2070

---

[80] IPCC Arbeitsgruppe 1 Kapitel 11.pdf - Regional Climate Projections, 2007, S.877; und Rahmstorf, S., Richardson, K., Wie bedroht sind die Ozeane?, 2007, S. 145
[81] IPCC Arbeitsgruppe 1 Kapitel 10 - Global Climate Projections.pdf, 2007, S. 768
[82] IPCC Arbeitsgruppe 1 Kapitel 10 - Global Climate Projections.pdf, 2007, S. 769

um 9 – 22% zu.[83] Der alljährliche Frühjahrsabfluss des Schmelzwassers wird wärmebedingt frühzeitiger stattfinden.[84] Die Verdunstung wird wegen der höheren Temperaturen fast überall zunehmen. Die Bodenfeuchtigkeit nimmt im Durchschnitt ab, da die Regenfälle kürzer werden und die Schneemassen schneller und früher abtauen. Kurze, deutlich feuchtere Perioden werden mit längeren, dafür merklich trockeneren Perioden abwechseln.[85] Zunehmende Trockenheit wird vor allem die mittleren Breiten Europas betreffen und im Mittelmeerraum zu einer Verknappung der Wasserressourcen führen.[86] [87]

3.2 Meeresspiegelanstieg

Im Laufe des 21. Jahrhunderts ist auch mit einem weiteren Anstieg des Meeresspiegels zu rechnen. Hauptverursacher sind der zusätzliche Wasser-eintrag der schmelzenden Gebirgsgletscher und Kontinentaleismassen und die Ausdehnung des Wassers durch steigende Temperatur.[88] Diese Ausdehnung, auch thermische Dichteexpansion genannt, verläuft bei Wasser jedoch nicht linear. Von 20 auf 21°C expandiert Wasservolumen mehr als 4mal so stark wie von 0 auf 1°C. D.h:„Je wärmer es wird, desto schneller steigt der Meeresspiegel"[89] Deshalb ist es auch sehr wichtig, wo sich Wasser erwärmt. Werden polare oder tropische Regionen erwärmt, und wird nur das Oberflächenwasser oder auch das Wasser in den tieferen Schichten erwärmt? Laut Modellen wird es bis zum Jahr 2100 zu einer Erhöhung des globalen Meeresspiegels um 0,09 – 0.88 m kommen.[90] Doch auch wenn der jährliche Meeresspiegelanstieg bei den jetzigen 3 mm/Jahr bleiben würde, bedeutet dies in hundert Jahren einen Zuwachs von 30 cm.

Ein Beispiel dafür, wie extrem sich kleine Temperaturunterschiede auf die Meeresspiegel auswirken findet man in Sedimentproben: Vor ca. 3 Mio Jahren – im Pliozän - waren die globale Temperaturen nur 2 - 3°C höher als heute, was zu einem allmählichen zeitversetzten Meeresspiegelanstieg um 25-30 m

[83] IPCC Arbeitsgruppe 2 Kapitel 12 - Europa.pdf, 2007, S. 549
[84] IPCC Arbeitsgruppe 2 Kapitel 1 - Assessment of observed changes...pdf, 2007, S. 89 - Kasten
[85] IPCC Arbeitsgruppe 1 Kapitel 11 - Regional Climate Projections.pdf, 2007, S. 875
[86] IPCC Arbeitsgruppe 1 Kapitel 11 - Regional Climate Projections.pdf, 2007, S.876
[87] IPCC Arbeitsgruppe 2 Kapitel 12 – Europa.pdf, 2007, S.549
[88] Rahmstorf, S., Richardson, K., Wie bedroht sind die Ozeane?, 2007, S. 120-122
[89] Rahmstorf, S., Richardson, K., Wie bedroht sind die Ozeane?, 2007, S. 124
[90] IPCC Arbeitsgruppe 2 Kapitel 12 – Europa.pdf, 2007, S.551

führte.[91] Wie man in Abb. 12 sieht, fallen die für 2100 prognostizierten Meeresspiegelerhöhungen regional sehr unterschiedlich aus.

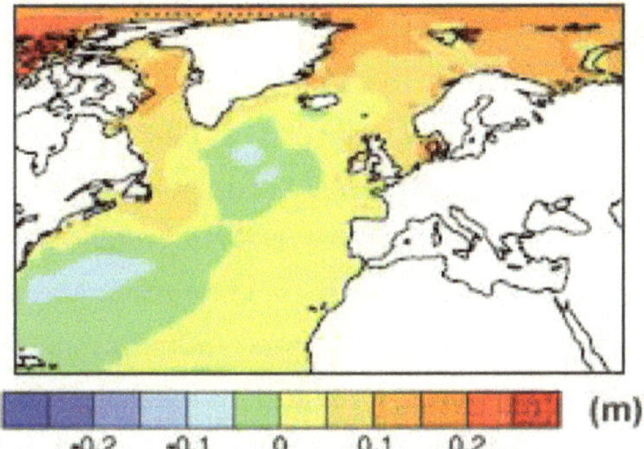

Abb. 12   Modellbeispiel für Meeresspiegelanstieg 2080 - 2099 (Vergleichswert: 1980 – 1999)[92]

In Europa kann der Meeresspiegelanstieg um bis zu 50% höher sein als im globalen Mittel. Grund dafür sind unter anderem die abnehmende Tiefenwasserbildung durch geringere Sogwirkung auf die umliegenden Wassermassen und großflächige Luftdruckveränderungen.[93]

Zusätzlich ver- bzw. entschärft wird das Meeresspiegelproblem durch die Landmassenanhebung bzw. –absenkung. Einige Landmassen, auf denen in der letzten Eiszeit noch gewaltige Eismassen lasteten, verändern heute ihre Position. Der nördlichste Teil der Ostsee z.B. hebt sich um 9 mm pro Jahr - 3mal schneller als derzeitig der Meeresspiegel - weiter südlich gelegene Regionen dagegen sinken um 1 mm pro Jahr ab.[94] Summiert man die Auswirkungen durch Strömungsänderungen (10-15 cm) und Landmassen- absenkung (10 cm), so resultiert für einige Regionen Nordeuropas einen Meeresspiegelanstieg von 20 - 35 cm - und das ohne Hinzurechnen des globalen Meeresspiegelanstiegs. In Gegenden, wo sich die Landmassen heben, wird der Meeresspiegelanstieg hingegen noch langfristig kompensiert.

---

[91] Rahmstorf, S., Richardson, K., Wie bedroht sind die Ozeane?, 2007, S. 125-126
[92] IPCC Arbeitsgruppe 1 Kapitel 10 - Global Climate Projections.pdf, 2007, S. 813
[93] IPCC Arbeitsgruppe 2 Kapitel 12 – Europa.pdf, 2007, S.551
[94] Rahmstorf, S., Richardson, K., Wie bedroht sind die Ozeane?, 2007, S. 129

3.3 Meeresbiologische Veränderungen

Eine Schwächung der thermohalinen Zirkulation würde das Ökosystem im Atlantik wahrscheinlich deutlich beeinflussen.[95] Die THC ist sehr wichtig für das Nährstoffangebot im Atlantik, da sie durch Upwelling nährstoffreiches Tiefenwasser an die Oberfläche befördert (siehe Abb.1), das dann mit den Oberflächenströmungen über den gesamten Atlantik verteilt wird. Dieses nährstoffreiche Wasser bildet die Nahrungsgrundlage für eine Vielzahl von Meereslebewesen.[96] Eine Änderung der Nährstoffzufuhr hätte weitreichende Auswirkungen. Erste Betroffene sind dabei die kleinsten Meereslebewesen wie Plankton und Algen.[97] Gerade sie reagieren besonders sensibel auf Veränderungen in der Umwelt und brauchen oft sehr lange, um sich an wechselnde Bedingungen anzupassen. Am Anfang der Nahrungskette stehend, wirken sich Veränderungen bei den Kleinstlebewesen auf alle anderen Meereslebewesen aus. Folge ist, dass auch sie das Gebiet wechseln müssen, um wieder neue Nahrung zu finden. So kann die enge Verstrickung im Ökosystem der Meere schnell zu einer Wanderung und geographischen Neuverteilung mehrerer Spezies führen – auch Regimewechsel genannt. Die Toleranzschwellen sind sehr unterschiedlich. Oftmals genügen bereits geringe Veränderungen in Temperatur, Salzgehalt oder Nährstoffzusammensetzung der Gewässer, um einen lokalen Regimewechsel auszulösen.[98]

Genaue Voraussagen über zukünftige Fischbestände und deren regionale Verteilung und Reaktion auf die prognostizierten klimatischen Veränderungen sind nur schwer festzulegen. Forschungen stehen hier noch am Anfang. Die Reaktion auf Temperaturänderungen ist noch nicht genau geklärt, da dazu Langzeitbeobachtungen der artspezifischen Lebensbedingungen und Anpassungsfähigkeit nötig wären. Dafür sind wiederum genaue Kenntnisse der jeweiligen Nahrungskette unerlässlich.[99]

Laut IPCC rechnet man speziell im hohen Nordatlantik im kommenden Jahrhundert mit einem veränderten Auftreten von Plankton und Fischen. Der Wandel der klimatischen und strömungstechnischen Bedingungen führt zu einer Nordwärtsverschiebungen der Planktonbestände, welche die Nahrungs-

---

[95] Rahmstorf, S., Richardson, K., Wie bedroht sind die Ozeane?, 2007, S. 149
[96] Rahmstorf, S., Richardson, K., Wie bedroht sind die Ozeane?, 2007, S. 65-66
[97] Rahmstorf, S., Richardson, K., Wie bedroht sind die Ozeane?, 2007, S. 81
[98] Rahmstorf, S., Richardson, K., Wie bedroht sind die Ozeane?, 2007, S. 204
[99] Rahmstorf, S., Richardson, K., Wie bedroht sind die Ozeane?, 2007, S. 202-204

grundlage zahlreicher Fische und Kleinstorganismen sind.[100] Die Artenvielfalt und die natürlichen Fischvorkommen in den hohen Breiten sollen deshalb in den nächsten Jahrzehnten zunehmen.[101]

3.4 Auswirkungen und Risiken für Europa

Die gerade beschriebenen Veränderungen stellen vorerst keine akute Bedrohung für den Menschen dar, haben aber dennoch Einfluss auf viele seiner Lebensbereiche. Die Folgen sind von Region zu Region und von Sektor zu Sektor innerhalb dieser Regionen sehr unterschiedlich.[102]

Diese Arbeit soll vor allem auf die Auswirkungen der Veränderungen des Golfstroms eingehen. Deshalb liegt der Schwerpunkt auf den vom Golfstrom beeinflussten Teilen im Norden und Nordwesten Europas, zum Vergleich werden aber trotzdem die anderen Teile Europas knapp mitbesprochen. Die folgenden Aussagen basieren alle auf einer Klimaerwärmung unter Mitberücksichtigung eines entsprechend gemilderten Einflusses der Strömung.

3.4.1 Zunahme von Wetterextremen

Während im Norden Europas sich das Risiko für extrem kalte Wintertage reduziert, verschärft sich durch den Temperaturanstieg in Süd- und Mitteleuropa die Gefahr extremer Dürren und großflächiger Waldbrände.[103] Zudem wird es im Norden zu stärker ausgeprägten Jahreszeiten und schnelleren Übergängen kommen.[104] Besonders im Norden und in mittleren Breiten werden Wetterereignisse wie Stürme und Starkregen kürzer andauern, dafür aber an Intensität zunehmen. Durch erhöhte Niederschläge und früher einsetzende Schneeschmelze nehmen die Winter- und Frühjahrshochwasser an Stärke und Häufigkeit zu.[105] Mit einem Anstieg schwerer Hochwasserereignisse ist in ganz Europa zu rechnen. Gegen Ende des 21. Jahrhunderts wird es im Norden und Osten Europas zudem vermehrt zu sog. Jahrhundertfluten kommen, also zu extremen Überschwemmungen.[106]

[100] IPCC Arbeitsgruppe 2 Kapitel 12 – Europa.pdf, 2007, S. 546 - Kasten
[101] IPCC Arbeitsgruppe 2 Kapitel 12 – Europa.pdf, 2007, S. 555
[102] IPCC Arbeitsgruppe 2 Kapitel 12 – Europa.pdf, 2007, S. 544
[103] IPCC Arbeitsgruppe 2 Kapitel 12 – Europa.pdf, 2007, S. 548
[104] IPCC Arbeitsgruppe 2 Kapitel 12 – Europa.pdf, 2007, S. 544
[105] IPCC Arbeitsgruppe 2 Kapitel 12 – Europa.pdf, 2007, S. 543
[106] IPCC Arbeitsgruppe 2 Kapitel 12 – Europa.pdf, 2007, S. 550

Besonders gefährdet vom Klimawechsel sind vor allem die Küstenregionen Nordwest-Europas. Die 1,6 Mio Menschen, die an Küsten leben, werden zunehmend mit Flut- und Überschwemmungs-Problemen konfrontiert . Diese entstehen durch den Meeresspiegelanstieg, und werden durch stärkere Stürme weiter verschärft.[107] Die Niederlande sind ein Beispiel für eine Küstenregion, die äußerst anfällig sowohl in Bezug auf einen Meeresspiegelanstieg als auch hinsichtlich über die Ufer tretender Flüsse ist. 55% der Landfläche befindet sich unter dem Meeresspiegel. Hier leben 60% der Bevölkerung, und ein Großteil der Industrie befindet sich in diesen Landsteilen.[108]

3.4.2 Vegetation, Ökosystem und Biodiversität:

Durch die langsam steigenden Temperaturen, milderen Winter und weniger Frosttage dehnen sich Wälder und generell die Biomasse immer weiter Richtung Norden aus. Die Baumgrenze verlagert sich in den nördlicher liegenden Gebirgen nach oben. Der Anteil der Tundrafläche wird hingegen stetig schrumpfen.[109]

Wie im Ozean, so nimmt auch die biologische Vielfalt an Land leicht zu.[110] Folglich werden mit der Klimaerwärmung immer mehr neue Tier- und Insektenarten in den nördlichen Breiten anzutreffen sein. Die Pflanzenvielfalt wird wachsen und somit zu einer größeren Biodiversität beitragen.[111] Auch in nordeuropäischen Frischwasser-Ökosystemen, sprich in Seen, Stehgewässern und Bächen, wird die Artenvielvalt aufgrund der positiveren Umweltbedingungen ansteigen.[112]

Zu berücksichtigen sind durch Verdrängungs- und Konkurrenzfaktoren auftretende Probleme der Standortflora und –fauna. Auch Schädlinge und Insekten können sich nach Norden hin ausbreiten. Allergien durch neue Pollenarten bzw. verlängerten Pollenflug werden zunehmen.[113]

Durch den Meeresspiegelanstieg werden bis zu 20% vom Küstenfeuchtland verloren gehen. Einige der dort heimischen Spezies werden sich nur schwer bis gar nicht den wechselnden Bedingungen anpassen können[114] Der Meeres-

---

[107] IPCC Arbeitsgruppe 2 Kapitel 12 – Europa.pdf, 2007, S. 543
[108] IPCC Arbeitsgruppe 2 Kapitel 12 – Europa.pdf, 2007, S. 547
[109] IPCC Arbeitsgruppe 2 Kapitel 12 – Europa.pdf, 2007, S. 552
[110] IPCC Arbeitsgruppe 2 Kapitel 12 – Europa.pdf, 2007, S. 553
[111] IPCC Arbeitsgruppe 2 Kapitel 12 – Europa.pdf, 2007, S. 554
[112] IPCC Arbeitsgruppe 2 Kapitel 12 – Europa.pdf, 2007, S. 554
[113] IPCC Arbeitsgruppe 2 Kapitel 12 – Europa.pdf, 2007, S. 546
[114] IPCC Arbeitsgruppe 2 Kapitel 12 – Europa.pdf, 2007, S. 551

spiegelanstieg wird auch Teile der Brut- und Rastplätze von Robben und Vöglen verschwinden lassen was, je nach Ausmaß des Wasseranstiegs eine starke Bedrohung für ihren Lebenszyklus bedeutet.[115]

3.4.3 Fischindustrie, Forst- und Landwirtschaft

Vom Klimawandel profitieren wird die Nordeuropäische Fischereiindustrie. Wie bereits oben erwähnt, wird die Artenvielfalt und das Angebot an Fischen in den höheren Breiten stark zunehmen.[116]

Auch die Forst- und Landwirtschaft geht im Norden als Gewinner der erwarteten klimatischen Veränderungen hervor. Man rechnet bis 2080 mit einem Ansteigen der Ernteerträge um 10 - 30%.[117] In Großbritannien und Süd-Skandinavien vergrößern sich die potentiellen Anbauflächen für Futtermais.[118] Ermöglicht wird zudem der Anbau neuartiger Pflanzen und Früchte, wobei die Produktivität in allen Sektoren steigen wird.[119]

Der Süden und einige Teile Mitteleuropas hingegen werden mit Ernteausfällen durch Wassermangel und Hitzewellen zu kämpfen haben.[120]

Generell werden Wälder und Vegetation im Süden immer mehr unter der anhaltenden Trockenheit und den steigenden Temperaturen leiden.

Somit entsteht auf landwirtschaftlicher Ebene ein immer größer werdendes Gefälle zwischen den Regionen im Norden und denen im Süden Europas.[121]

3.4.4 Tourismus, Energie und Transport:

Auch auf ökonomischer Basis wird der Norden in Zukunft Vorteile gegenüber dem Süden haben. Experten nehmen an, dass Nordeuropa einen deutlichen Aufschwung in der Beliebtheit als Erholungs- und Urlaubsregion erfahren wird, da es aufgrund der steigenden Temperaturen und der vielfältigeren Vegetation immer attraktiver wird. Sommer- wie Wintertourismus werden einen erheblichen Aufschwung erhalten.[122] Sogar der Skitourismus, da die Schneebestände in ganz Europa schwinden, während sich der Prozess im Norden wesentlich

---

[115] IPCC Arbeitsgruppe 2 Kapitel 12 – Europa.pdf, 2007, S. 554
[116] IPCC Arbeitsgruppe 2 Kapitel 12 – Europa.pdf, 2007, S. 555
[117] IPCC Arbeitsgruppe 2 Kapitel 12 – Europa.pdf, 2007, S. 555
[118] IPCC Arbeitsgruppe 2 Kapitel 12 – Europa.pdf, 2007, S. 546 - Kasten
[119] IPCC Arbeitsgruppe 2 Kapitel 12 – Europa.pdf, 2007, S. 555
[120] IPCC Arbeitsgruppe 2 Kapitel 12 – Europa.pdf, 2007, S. 546
[121] IPCC Arbeitsgruppe 2 Kapitel 12 – Europa.pdf, 2007, S. 543
[122] IPCC Arbeitsgruppe 2 Kapitel 12 – Europa.pdf, 2007, S. 565 - Kasten

langsamer vollziehen wird.[123] Der Tourismus in den mediterranen Regionen wird hingegen zurückgehen, die klimatischen Bedingungen zunehmend unangenehmer werden.[124]

Ein weiterer Vorteil für Nordeuropa ist, dass die Wasserenergiegewinnung voraussichtlich um 15-30% gesteigert werden kann. Auch steigern stärkere Stürme die Attraktivität und Effektivität der Windenergienutzung.[125] Die Heizkosten in den Wintermonaten werden sinken. Den gegenüber steht allerdings der steigende Einsatz von Klimaanlagen im Sommer. Auf den Transportsektor hat die klimatische Veränderung in Nordeuropa sowohl positive als auch negative Auswirkungen. Einerseits wird durch weniger Eisbildung und früheres Auftauen der Flüsse der Schiffsverkehr begünstigt. Andererseits behindern die zunehmenden extremen Wetterereignisse den Verkehr an Land, zu Wasser und auch in der Luft.[126]

3.4.5 Sozioökonomische Auswirkungen und Risiken

Generell kann man sagen, dass die klimatischen Veränderungen besonders in den nördlich gelegenen Regionen in vielen Sektoren anfangs eindeutige ökonomische Vorteile mit sich bringen, während die im Süden schon vorhandenen Probleme durch Hitze und Trockenheit weiter verschärft werden. Wie bereits oben erwähnt, werden bestimmte Küstenregionen durch Änderung des Golfstromsystems und Klimawandel mit schwerwiegenden Problemen konfrontiert werden. Nicht das einzelne Risiko, sondern die Summation und das gleichzeitige Auftreten mehrerer Probleme wird das Ausmaß der Probleme bestimmen und zu einer Umstrukturierung in Agrar-, Energie- und Industrie-wirtschaft führen. Die größerwerdende Disparität zwischen den nördlichen und den südliche Regionen Europas wird nicht nur wirtschaftliche Bereiche treffen, sondern potentiell Migrationsbewegungen in den betroffenen Ländern auslösen. Die finanzstarken Staaten des Nordens werden vermutlich die auftretenden Probleme leichter bewältigen als die ärmeren Nationen des Südens. Die Prognose ist somit für den Nordwesten Europas eher positiv, hierzu trägt nicht zuletzt der Einfluß der Veränderungen des Golfstromsystems bei.

---

[123] IPCC Arbeitsgruppe 2 Kapitel 1 – Europa.pdf, 2007, S. 88
[124] IPCC Arbeitsgruppe 2 Kapitel 12 – Europa.pdf, 2007, S. 556-557
[125] IPCC Arbeitsgruppe 2 Kapitel 12 – Europa.pdf, 2007, S. 556
[126] IPCC Arbeitsgruppe 2 Kapitel 12 – Europa.pdf, 2007, S. 556

4. Schlussbemerkung

Die Klimadiskussionen werfen häufig noch mehr Fragen auf, als unser Wissensstand es uns erlaubt Antworten zu geben. Forschern und Wissenschaftlern verschiedener Fachgebiete fehlen immer noch viele Bausteine, um den Gesamtzusammenhang des Klimasystems wirklich zu verstehen und daraus zuverlässig Prognosen für einzelne Weltregionen abzuleiten. Nach heutigen Erkenntnissen bestimmen überwiegend die Auswirkungen der globalen Klimaerwärmung das zukünftige Klima in Europa. Einige Regionen im nordwesten Europas werden aber weiterhin eine Sonderstellung einnehmen. Die für sie vorraussichtlich positive Entwicklung besteht darin, dass die steigenden Temperaturen durch den simultan schwächer werdenden Nordatlantikstrom gemildert und gepuffert werden. In anderen Regionen werden die Auswirkungen der globalen Erwärmung wesentlich direkter zu spüren sein, mit allen ökologischen und ökonomischen Folgen.

Um die bevorstehenden Probleme zu bewältigen, und die Anpassung an die sich ändernden Umweltbedingungen zu erleichtern, ist ein hohes Maß an gesellschaftlicher Organisation nötig. Länder und Regierungen, Forscher und Politiker sind aufgerufen enger zusammenzuarbeiten und effektive Maßnahmen zu ergreifen. Finanzielles Profitdenken und Angst persönliche Bequemlichkeiten zu ändern sollten den nötigen Handlungswillen nicht beeinträchtigen, auch wenn wir derzeit die Folgen der Klimaerwärmung nicht in vollem Ausmaße zu spüren bekommen. Betrachtet man Langzeitprognosen, kann man sich ein Bild davon machen, mit welchen Problemen unsere Folgegenerationen konfrontiert werden. Es liegt nun an uns, zukunftsweisend zu handeln, und ihnen den Grundstein für ein stabiles Klima- und Ökosystem zu legen „Dies zu entscheiden ist die historische Verantwortung unserer Generation." [127]

---

[127] Rahmstorf, S., Richardson, K., Wie bedroht sind die Ozeane?, 2007, S. 137 Mitte

5. Abkürzungen und Definitionen [128]

Albedo - [lat. albus = weiß] Rückstreuvermögen von Oberflächen (Wolken, Landoberfläche, Meeroberfläche usw.) bezüglich einer einfallenden solaren Strahlung. Helle Flächen besitzen eine hohe Albedo, dunkle Flächen dagegen eine recht kleine.

Corioliskraft - Einer der Effekte der Erdrotation auf die großräumigen Bewegungen. Die Tatsache, dass Winde in Hochs und Tiefs isobarenparallel wehen, resultiert aus einem Kräftegleichgewicht zwischen der Druckgefällekraft und der Corioliskraft, das man als geostrophisches Gleichgewicht bezeichnet.

Emissionsszenario - siehe Seite 32

Heinrich-Ereignisse - Plötzliche massive Eisabrutschungen in den Atlantik während der letzten Eiszeit, die zu mehreren Metern Meeresspiegelanstieg führten. Aufgrung des Süßwassereintrags wurde wahrscheinlich die Tiefenwasserbildung unterbrochen – dies zeigen Sedimentdaten, die auch eine Abkühlung im Nordatlantikraum belegen. Entdeckt wurden Heinrich-Ereignisse aufgrund von Schichten voller Steinchen in den Tiefensedimenten, die dort weder durch Strömungen noch durch Winde hingelangt sein konnten, sondern von schmelzenden Eisbergmassen stammen.

IPCC - Das Intergovernmental Panel on Climate Change wurde von der Umweltorganisation der Vereinigten Nationen (UNEP) und der Weltorganisation für Metorologie (WMO) 1988 gegründet, um einerseits den wissenschaftlichen Kenntinisstand in der Klimaforschung zu dokumentieren und andererseits die Weltpolitik zu beraten. An den Berichten des IPCC arbeiten Hundert der weltweit führenden Klimaforscher mit. Die IPCC-Berichte (der jüngste erschien im Jahr 2007) gelten als die zuverlässigsten Sachberichte zum Thema globaler Klimawandel.

---

[128] Vgl. Rahmstorf, S., Richardson, K., Wie bedroht sind die Ozeane?, 2007, S. 264-277

Meridional Overturning Circulation (**MOC**) - Gesamter nord- und südwärts verlaufender Wasserfluss im Nordatlantik, gemessen am 26.5°N (Oberflächen-, Tiefen- und Zwischenwasser). Wird oft als Synonym für die THC verwendet,[129] bei der MOC zählen aber auch windgetriebene Strömungen dazu.[130]

Nordatlantikstrom (**NAS**) - Eine Strömung im nördlichen Atlantik, die eine Verlängerung des Golfstroms (im westlichen Teil des Atlantiks) nach Nordosten bis vor die Küsten Europas ist. Volkstümlich wird der Nordatlantische Strom oft dem Golfstrom zugeschlagen; eine Unterscheidung ist aber sinnvoll, da unterschiedliche Kräfte diese Strömungen verursachen: Der Golfstrom wird überwiegend von Winden angetrieben, beim Nordatlantikstrom spielen die Abkühlung des Wassers in hohen Breitengraden und die damit verbundenen Dichteunterschiede die entscheidene Rolle (vgl. THC).

Salinität - Der Salzgehalt des Meerwassers, üblicherweise angegeben in Gramm Salz pro Kilogramm Meerwasser (also in Promille). Im größten Teil des Meeres liegt die Salinität zwischen 33 und 38‰.

Sverdrup (**Sv**) - Eine für Meeresströmungen gebräuchliche Maßeinheit in der Ozeanographie. Volumen transportiertes Wassers pro Zeit: $1\ Sv\ =\ 10^6\ m^3/s$

Thermohaline Zirkulation (**THC**) - "thermo" = Temperatur; "halin" = Salz; Temperatur- und Salinitätsänderungen beeinflussen die Dichte des Wassers. Dichteunterschiede aber bewirken in Flüssigkeiten Druckunterschiede, und diese lösen Strömungen aus. Die THC macht einen Großteil der MOC aus (Tiefen-, Zwischen- und Teile der Oberflächenströmung - vgl. Abb. 3)[131]

Upwelling - Prozess, bei dem nährstoffreiches Tiefenwasser in einer Vertikalbewegung an die Oberfläche strömt. Biologisch sehr bedeutsam.

---

[129] IPCC Arbeitsgruppe 2 Kapitel 12 – Europa.pdf, 2007, S. 563
[130] Rapid MOC, Marotzke_Moc.ppt, http://www.soc.soton.ac.uk/rapidmoc/home.html, 2007, S. 3
[131] Rapid MOC, Marotzke_Moc.ppt, http://www.soc.soton.ac.uk/rapidmoc/home.html, 2007, S. 3

Emissionsszenario -   Ein Satz von Annahmen über den künftigen Ausstoß von Treibhausgasen, meißt bis zum Jahr 2100. Solche Szenarien beruhen auf Vorstellungen über künftige Entwicklung von Weltwirtschaft und Energiesystem. Emissionsszenarien sind keine Prognosen, sondern haben den Charakter von Handlungsoptionen, da die Emissionen bis 2100 nicht heute schon vorherbestimmt, sondern politisch gestaltbar sind. Emissionsszenarien werden als Imput für Klimamodelle verwendet, mitderen Hilfe die klimatologischen Folgen verschiedener solcher Szenarien durchgerechnet werden.

**KASTEN 3. DIE EMISSIONS-SZENARIEN DES IPCC-SONDERBERICHTES
ÜBER EMISSIONS-SZENARIEN (SRES)**

A1. Die A1-Modellgeschichte bzw. -Szenario-Familie beschreibt eine zukünftige Welt mit sehr raschem Wirtschaftswachstum, einer in der Mitte des 21. Jahrhunderts den Höchststand erreichenden und danach rückläufigen Weltbevölkerung, und rascher Einführung neuer und effizienterer Technologien. Wichtige grundlegende Themen sind die Annäherung von Regionen, die Entwicklung von Handlungskompetenz sowie die zunehmende kulturelle und soziale Interaktion bei gleichzeitiger substanzieller Verringerung regionaler Unterschiede der Pro-Kopf-Einkommen. Die A1-Szenarien-Familie teilt sich in drei Gruppen auf, die unterschiedliche Ausrichtungen technologischer Änderungen im Energiesystem beschreiben. Die drei A1-Gruppen unterscheiden sich durch ihren technologischen Schwerpunkt: fossil-intensiv (A1Fl), nicht fossile Energieträger (A1T) oder ausgewogene Nutzung aller Quellen (A1B) (wobei ausgewogene Nutzung hier definiert ist als eine nicht allzu große Abhängigkeit von einer bestimmten Energiequelle, unter der Annahme eines für alle Energieversorgungs- und -endverbrauchstechnologien ähnlichen Verbesserungspotenzials).

A2. Die A2-Modellgeschichte bzw. -Szenario-Familie beschreibt eine sehr heterogene Welt. Das Grundthema ist Autarkie und Bewahrung lokaler Identitäten. Regionale Fruchtbarkeitsmuster konvergieren nur sehr langsam, was eine stetig zunehmende Bevölkerung zur Folge hat. Die wirtschaftliche Entwicklung ist vorwiegend regional orientiert, und das Pro-Kopf-Wirtschaftswachstum sowie technologische Veränderungen verlaufen fragmentierter und langsamer als in anderen Modellgeschichten.

B1. Die B1-Modellgeschichte bzw. -Szenario-Familie beschreibt eine sich näher kommende Welt mit der gleichen Weltbevölkerung wie in der A1 Modellgeschichte, die Mitte des 21. Jahrhunderts ihren Höchststand erreicht und sich danach rückläufig entwickelt, jedoch mit raschen Änderungen der wirtschaftlichen Strukturen in Richtung einer Dienstleistungs- und Informationswirtschaft, bei gleichzeitigem Rückgang des Materialverbrauchs und Einführung von sauberen und ressourceneffizienten Technologien. Der Schwerpunkt liegt auf globalen Lösungen für eine wirtschaftliche, soziale und umweltgerechte Nachhaltigkeit, einschließlich erhöhter sozialer Gerechtigkeit, aber ohne zusätzliche Klimainitiativen.

B2. Die B2-Modellgeschichte bzw. -Szenario-Familie beschreibt eine Welt mit Schwerpunkt auf lokalen Lösungen für eine wirtschaftliche, soziale und umweltgerechte Nachhaltigkeit. Es ist eine Welt mit einer stetig, jedoch langsamer als in A2 ansteigenden Weltbevölkerung, einer wirtschaftlichen Entwicklung auf mittlerem Niveau und einem weniger raschen, dafür vielfältigeren technologischen Fortschritt als in den B1- und A1-Modellgeschichten. Obwohl das Szenario auch auf Umweltschutz und soziale Gerechtigkeit ausgerichtet ist, liegt der Schwerpunkt auf der lokalen und regionalen Ebene.

Für jede der sechs Szenarien-Gruppen A1B, A1Fl, A1T, A2, B1 und B2 wurde ein veranschaulichendes Szenario gewählt. Alle sollten als gleich stichhaltig betrachtet werden.

Die SRES-Szenarien beinhalten keine zusätzlichen Klimainitiativen, d. h. es sind keine Szenarien berücksichtigt, die ausdrücklich eine Umsetzung des Rahmenübereinkommens der Vereinten Nationen über Klimaänderungen (UNFCCC) oder der Emissionsziele des Kyoto-Protokolls annehmen.

Abb. 13 Emissionsszenarien der IPCC [132]

---

[132] IPCC, Arbeitsgruppe 2, Zusammenfassung, 2007, S. 39

6. Literaturverzeichnis

Buch:

1. Rahmstorf, S., Richardson, K., Wie bedroht dind die Ozeane? Biologische und physikalische Aspekte, Hugendubel München, Fischer Taschenbuch Verlag, 2007 (1. Auflage)

Internetquellen:
Alle Internetquellen befinden sich auf der beigefügten CD im Ordner „Websites".

2. Agenda 21 Lexikon, LearnLine Golfstrom, „http://www.learn-line.nrw.de/angebote/agenda21/lexikon/Golfstrom.htm", vom14.12.2005, aufgerufen am 23.1.2008

3. ORF ON Science, Macht erlahmender Golfstrom Europa kälter?, „http://science.orf.at/science/news/16143", von 2001, aufgerufen am 23.12.2008

4. BBC News, Ocean changes will cool Europe, „http://news.bbc.co.uk/2/hi/science/nature/4485840.stm", vom 30.11.2005, aufgerufen am 23.1.2008

5. PIK-Potsdam, Rahmstorf S., The Thermohaline Ocean Circulation (fact sheet), "http://www.pik-potsdam.de/~stefan/thc_fact_sheet.html", von 2003, aufgerufen am 23.1.2008

6. Alfred-Wegener-Institut, Meeresströmungen,„http://www.awi.de/de/entdecken/klicken_lernen/lesebuch/meeresstroemungen/", aufgerufen am 23.1.2008

7. Klimadiagramme weltweit, „http://www.klimadiagramme.de/index.html", aufgerufen am 23.1.2008

8. New Scientist, Failing ocean current raises fears of mini ice age, "http://www.newscientist.com/article.ns?id=dn8398", vom 30.11.2005, aufgerufen am 23.1.2008

9. Max-Plank-Institut für Meteorologie, Einzigartiges Beobachtungssystem für die atlantische Zirkulation hat sich bewährt, „http://www.mpimet.mpg.de/presse/pressemitteilungen/einzigartiges-beobachtungssystem-fuer-die-atlantische-zirkulation-hat-sich-bewaehrt.html#c4865", vom 16.8.2007, aufgerufen am 23.1.2008

10. PIK-Potsdam, Rahmstorf S., Alles nur Klimahysterie, „http://www.pikpotsdam.de/~stefan/klimahysterie.html", vom 31.8.2007, aufgerufen am 23.1.2008

11. Argo oceanic observation, About Argo,
„http://www.argo.ucsd.edu/FrAbout_Argo.html", von 2008,
aufgerufen am 23.1.2008

12. Rapid MOC, Monitoring the Atlantik Meridional Overturning Circulation at
26.5°N, "http://www.soc.soton.ac.uk/rapidmoc/home.html", von 2007,
aufgerufen am 23.1.2008

13. Uni Bremen, Prange, M., Klimawandel in der Arktis?, „http://www.geo.uni
bremen.de/geomod/staff/mprange/klimawechsel.html",
aufgerufen am 23.1.2008

14. Ideo Columbia, Causes of abrupt climate change,
"http://www.ldeo.columbia. edu/res/pi/arch/causes.shtml",
aufgerufen am 23.1.2008

15. Rapid Climate Change (RCC) Conference Abstracts, Kuhlbroth, T.,
"http://www.noc.soton.ac.uk/rapid/rapid2006/ic06pres.php", von 2006,
aufgerufen am 23.1.2008

16. Intergovernmental Panel on Climate Change (IPCC 2007),
„http://www.ipcc.ch/index.htm", von 2007, aufgerufen am 22.1.2008
(s. Materialien auf beigefügter CD - Ordner „IPCC, Beiträge zum Vierten
Sachstandsbericht (2007)")

17. Atmosphäre, Uherek, E., Stratosphärische Abkühlung,
http://www.atmosphere.mpg.de/enid/2_Ozon/-_Abkuehlung_1nh.html
vom 23.8.2007, aufgerufen am 24.1.2008

Quellen in PDF-Format:
Sämtlich Quellen in PDF-Format befinden sich auf der beigefügten CD.

18. Rahmstorf, S., Thermohaline Ocean Circulation.PDF, Encyclopedia of
Quaternary Sciences, Edited by S. A. Elias. Elsevier, Amsterdam, 2006

19. Das Kundenmagazin der TÜV NORD Gruppe, Explore.PDF,
03 August 2006

20. Rahmstorf, S., Ocean Circulation and Climate during the past
120.000 years.PDF , 2002

21. Seager, R., et al., Is Gulf Stream responsible for Europe's mild
winters?.PDF, vom 19.4.2002

22. Seager, R., Battisti, S., Challanges to our understanding of the general
circulation.PDF, vom 5.6.2006

23. Peterson, B., et al., Increasing River Discharge to the Arctic Ocean.PDF,
in: Science, vom 13.12.2002

24. IPCC – Intergovernmental Panel on Climate Change 2007,
http://www.ipcc.ch/index.htm:
- 4. Sachstandsbericht der IPCC – Syntheseberricht Deutsch.PDF
- Arbeitsgruppe 1, Kapitel 10 - Global Climate Projections.PDF
- Arbeitsgruppe 1, Kapitel 11 - Regional Climate Projections.PDF
- Arbeitsgruppe 2 - Zusammenfassung Deutsch.PDF
- Arbeitsgruppe 2, Kapitel 1 -Assessment of observed changes.PDF
- Arbeitsgruppe 2, Kapitel 12 – Europa.PDF

Verwendetes Bildmaterial:

Materialien, durch den Verfasser bearbeitet, sowie im Original, befinden sich auf der beigefügten CD im Ordner „Bildmaterial":

Abb.1: Rahmstorf, S., Thermohaline Ocean Circulation, Encyclopedia of Quaternary Sciences, Edited by S. A. Elias. Elsevier, Amsterdam 2006

Bearbeitet durch den Verfasser: Übersetzung ins Deutsche, ACC entfernt

Abb. 2: BBC News, Ocean changes will cool Europe,

„http://news.bbc.co.uk/2/hi/science/nature/4485840.stm", vom

30.11.2005, aufgerufen am 23.1.2008

Bearbeitet durch den Verfasser: Übersetzung ins Deutsche, Tafel „sinking regions" verschoben

Abb. 3: Alfred-Wegener-Institut, „http://www.awi.de/de/entdecken/klicken

lernen/lesebuch/meeresstroemungen/", aufgerufen am 22.1.2008

Bearbeitet durch den Verfasser: Übersetzung ins Deutsche, Umgestalten des Textbereiches

Abb. 4.1 und 4.2: Klimamodelle weltweit, „http://www.klimadiagramme.de/

index.html", aufgerufen am 23.1.2008

Bearbeitet durch den Verfasser: Übersetzung ins Deutsche, Anpassen von Skala und Schrift, Hinzufügen von genauerer Ortslage (West- bzw. Ostatlantische Küste)

Abb. 5: PIK-Potsdam, Rahmstorf S., The Thermohaline Ocean Circulation (fact sheet), "http://www.pik-potsdam.de/~stefan/thc_fact_sheet.html", von 2003, aufgerufen am 23.1.2008

Abb. 6: Rapid MOC, Marotzke_Moc.ppt,
http://www.soc.soton.ac.uk/rapidmoc /home.html, 2007
Bearbeitet durch den Verfasser: Übersetzung ins Deutsche,
Einheit umbenannt (10^6 m³/s = 1 Sv)

Abb. 7 und 8: Rapid Climate Change Conference, Kuhlbroth, T., Atlantic MOC
weakened by Greenland meltwater.PDF, http://www.noc.soton.ac.uk/
rapid/rapid2006/ic06pres.php, 2006
Bearbeitet durch den Verfasser: Übersetzung ins Deutsche

Abb. 9: IPCC Arbeitsgruppe 1 Kapitel 11.PDF - Regional Climate Projections,
2007

Abb. 10.1 und 10.2: IPCC Arbeitsgruppe 1 Kapitel 11.PDF - Regional Climate
Projections, 2007
Bearbeitet durch den Verfasser: Übersetzung ins Deutsche, zwei Beispiele
ausgeschnitten

Abb. 11: IPCC Arbeitsgruppe 1 Kapitel 10 - Global Climate Projections.PDF,
2007
Bearbeitet durch den Verfasser: Übersetzung ins Deutsche

Abb. 12: IPCC Arbeitsgruppe 1 Kapitel 10 - Global Climate Projections.PDF,
2007
Bearbeitet durch den Verfasser: Übersetzung ins Deutsche, Bildbereich
Zugeschnitten

Abb. 13: IPCC Arbeitsgruppe 2 – Zusammenfassung Deutsch.PDF , 2007